Angel Ernesto Sierra Ovando

Dieta Mediterránea Mexicanizada

Angel Ernesto Sierra Ovando

Dieta Mediterránea Mexicanizada

Una forma de vida

Editorial Académica Española

Imprint

Any brand names and product names mentioned in this book are subject to trademark, brand or patent protection and are trademarks or registered trademarks of their respective holders. The use of brand names, product names, common names, trade names, product descriptions etc. even without a particular marking in this work is in no way to be construed to mean that such names may be regarded as unrestricted in respect of trademark and brand protection legislation and could thus be used by anyone.

Cover image: www.ingimage.com

Publisher:
Editorial Académica Española
is a trademark of
Dodo Books Indian Ocean Ltd. and OmniScriptum S.R.L publishing group

120 High Road, East Finchley, London, N2 9ED, United Kingdom
Str. Armeneasca 28/1, office 1, Chisinau MD-2012, Republic of Moldova, Europe
Printed at: see last page
ISBN: 978-613-8-97754-4

Dieta Mediterránea Mexicanizada

Una forma de vida
Angel Ernesto Sierra Ovando

ISBN Versión impresa

ISBN Versión digital

Dedicatoria

A Alin, Aitana mis amores

A mi fuerza, mis padres, suegros, hermanos y cuñados

A mis pacientes

A mis profesores

A mis alumnos

Agradecimientos

Al Dr. Xavier Formiguera Sala, Dr. Emilio Alberto De Ygartua Monteverde, Dr. José Manuel Piña Gutiérrez, Dr. Jun Carlos López Alvarenga, Dr. Raúl A Bastarrachea, a la Universidad Olmeca, Universidad Juárez Autónoma de Tabasco, Universidad Autónoma de Barcelona, Instituto Nacional de Ciencias Médicas y Nutrición «Salvador Zubirán» a empresas orgullosamente tabasqueñas como Charricos, Kakaw labs, ADN Lab, al gobierno del Municipio de Centro 2021-2024 y Expo Ciencias Tabasco y Expo Ciencias Nacional 2021, en la cual la Guía de Alimentación de Dieta Mediterránea Mexicanizada resultó galardonada. A mi equipo de investigación Dr. Jorge Vergara Galicia, Lic. Carlos Alberto Montelongo, Mtra. Vanessa Hernández Díaz, Mtro. Julio Zapata Ramírez, Mtra. Olga María Macias Guevara, Dra. Cecilia Ramírez Angulo, Dr. Heberto Romeo Priego Álvarez, Ing. Silvio Caballero Olmedo, Nut. Ana Itzel Hernández Hernández, Nut. Jocelin Del Carmen Milla Aguilar, Nut. Fátima del Carmen Sánchez Jiménez, Dra. Michelle Fernanda López de la Cruz, Nut. Luis Alberto Sánchez Romero Nut. Dianeliys Domínguez Álvarez, Nut. Elaine Ingram, Estudiantes María Fernanda Cortés García, Yulisa Hernández Núñez, Luis Arturo López Pérez, Paola Valladares Ruiz, Thelma Isabel Brito Montero, Valeria Chacón Pérez, Daniela García Guzmán, Valeria Magaña López y Angelli Lozano Pérez. Cada uno de los antes mencionados me han permitido crear, estudiar y consolidar la Dieta Mediterránea Mexicanizada.

Dieta Mediterránea Mexicanizada
Una forma de vida
Angel Ernesto Sierra Ovando

"Que tu alimento sea tu medicina y la medicina sea tu alimento"

Hipócrates (400 a.d.c)

Índice

Prologo……………………………………………………………………………...…8

Presentación…………………………………………………………………..……11

Introducción…………………………………………………………………..…13

Capítulo 1. ¿Cuál es el panorama fisiopatológico y metabólico de México y el mundo? 14

Capítulo 2Dieta Mediterránea Tradicional ¿Por qué es el patrón de alimentación más saludable del mundo?……………………………………………………………………16

Capítulo 3.   Dieta Mediterránea Mexicanizada (DMM) ¿En qué consiste?…………20

Capítulo 4.   ABC de la intervención con Dieta Mediterránea Mexicanizada…………24

Capítulo 5.   Guía de alimentación de Dieta Mediterránea Mexicanizada……………26

5.1¿Qué comer?……………………………………………………………………26

5.2¿Cada cuánto comer? ……………………………………………………………26

5.3¿En qué orden comer? …………………………………………………………27

5.4¿Cuánto comer?…………………………………………………………………27

5.5¿Qué promueve?…………………………………………………………………28

Capítulo 6. ¿Qué acciones propone la DMM para la comunidad e incidir en las mesas de las familias mexicanas? ………………………………………………………………..36

Capítulo 7. Pautas de Dieta Mediterránea Mexicanizada ……………………………38

Conclusiones………………………………………………………………………43

Consideraciones éticas ……………………………………………………………..44

Referencias bibliográficas………………………………………………………45

Una vez analizado todo el recorrido de la Dieta Mediterránea Mexicanizada estimado(a) lector (a) te invito a adoptar esta forma de vida para ti y tu familia.

Prologo

En las medianías del siglo XX, en los albores de la década de los 50, Ancel Keys, un epidemiólogo de Minnesota, después de una larga estancia en la isla de Creta, empezó a tener fundadas sospechas de que el estilo de vida y el patrón de alimentación de los habitantes de esta bella isla mediterránea, tenía una influencia favorable en la prevención de enfermedades que, en los países de origen anglosajón, empezaban a tener una fuerte influencia en el incremento observado de morbimortalidad.

Entusiasmado con esta posibilidad empezó a pensar cómo podría demostrar, de manera científica e irrefutable, la veracidad de su hipótesis. Fue así como inició el diseño de un plan estratégico para demostrar la relación existente entre el estilo de vida de los países del área mediterránea con su mayor longevidad y menor morbimortalidad por enfermedad cardiovascular. Sus esfuerzos culminaron a finales de la década de los 50 con el diseño del llamado "Estudio de los siete países". Fue el primer gran estudio que investigó la influencia de la dieta y del estilo de vida, junto con otros factores de riesgo para enfermedad cardiovascular, en siete países y culturas distintos a lo largo de un período de tiempo determinado.

Se estudiaron, y se siguen estudiando a lo largo del tiempo, 16 cohortes de hombres de 7 países: Estados Unidos, Finlandia, Holanda, la antigua Yugoslavia, Italia, Grecia y Japón. Los resultados de este novedoso y bien diseñado estudio epidemiológico demostraron de manera fehaciente que el estilo de vida "tradicional", con un elevado grado de actividad física y el patrón alimentario de los países mediterráneos que participaron en este estudio (Italia, Grecia y la actual Croacia) estaban directamente relacionados con la menor incidencia de enfermedad cardiovascular en estas zonas en comparación con la de los países del norte de Europa y los Estados Unidos. La prevalencia de obesidad, hipercolesterolemia, hipertensión arterial, diabetes de tipo 2 y cardiopatía isquémica era mucho menor en estas áreas mediterráneas.

Fue a partir de este estudio cuando empezó a surgir la expresión de "dieta mediterránea"

La "Dieta Mediterránea" es una valiosa herencia cultural que va más allá de una simple pauta nutricional, rica y saludable. Es un estilo de vida saludable y equilibrado que incluye recetas, formas de cocinar, celebraciones, costumbres, productos típicos y actividades humanas diversas.

De entre las principales características beneficiosas para la salud de este patrón alimentario hay que destacar el tipo de grasa que lo caracteriza (aceite de oliva, pescado "azul" y frutos secos), las proporciones que tienen los principales nutrientes en sus recetas (vegetales y cereales como la base del plato y las carnes, pescados y similares como guarnición) y la riqueza en micronutrientes que contiene, debido a la utilización de verduras de temporada, hierbas aromáticas y condimentos.

Así lo reconoció la UNESCO inscribiendo la Dieta Mediterránea (DM) como uno de los elementos de la Lista Representativa del Patrimonio Cultural Inmaterial de la Humanidad.

Este paradigma de alimentación saludable es, además, perfectamente compatible con el placer de degustar sabrosos platos.

Mi amistad con el Dr. Ángel Sierra empezó hace ya veinte años y de forma un tanto peculiar. Era un día normal y yo estaba trabajando en mi despacho del hospital preparando una ponencia en un congreso cuando llamaron a la puerta. Me levanté y al abrirla encontré ante mi un muchacho, joven, alto de tez morena, con el pelo ensortijado y que, con una sonrisa de oreja a oreja, me dijo: *"Hola, buenos días. Me llamo Ángel Sierra Ovando y vengo de México para hacer el doctorado con Vd."*.

Huelga decir la cara de asombro que debí poner ya que, hasta entonces, nadie me había informado de su llegada. Al parecer hubo un problema de comunicación con mi universidad (Universidad Autónoma de Barcelona) y no se me avisó previamente. Pero estaba claro que no podía decirle que no. Él y su esposa, recién casados, vendieron su auto, hicieron la maleta y, casi sin pensarlo, se subieron a un avión que los dejo en Barcelona. Así que lo hice pasar, nos sentamos y empezamos a charlar sobre los motivos y objetivos de su estancia en Barcelona.

Durante los siguientes cinco años tuve el placer de compartir con él las tareas del día a día, tanto en la consulta externa como en los pacientes ingresados y en el trabajo en los diversos estudios de investigación clínica en nuestros pacientes de la Unidad de Obesidad del hospital. Muy pronto se adaptó totalmente a nuestro método de trabajo y en muy poco tiempo se integró perfectamente en el equipo. El Dr. Sierra es un trabajador incansable, siempre de buen humor y con un exquisito trato empático y respetuoso con los pacientes y con todos nosotros. Los lazos de amistad, de respeto y de admiración mutua forjados durante los años de su estancia en Barcelona perduraran, a pesar de la distancia, para siempre.

Durante este tiempo diseñó y trabajó en su Tesis Doctoral "Evaluación del estado de nutrición y calidad de vida en adultos con normopeso, sobrepeso y obesidad" que mereció la calificación de Sobresaliente *"Cum Laude"*.

Ya de vuelta a México, con una hija nacida en Barcelona, se le ocurrió replicar su tesis doctoral en población mexicana y empezó a madurar la idea de la Dieta Mediterránea Mexicanizada (DMM). Pensó que se podría implantar un patrón de alimentación saludable como el de la DM, pero substituyendo alguno de sus componentes con alimentos autóctonos de México, como el aguacate e introduciendo nuevos elementos como el cacao con su elevado poder antioxidante. Los resultados de este estudio "piloto" fueron muy alentadores observándose una mejoría del perfil lipídico, una espectacular reducción de la resistencia a la insulina y una significativa disminución del perímetro de la cintura y del índice de masa corporal (IMC) indicativa de una reducción de las tasas de sobrepeso y obesidad en la muestra estudiada.

Por cierto, si hablamos de obesidad, debemos recordar que es la enfermedad metabólica más frecuente del mundo y, hasta ahora, su prevalencia sigue en alza en casi todos los países. Por desgracia México no es una excepción y la prevalencia de sobrepeso/obesidad está entre las más altas del planeta. Según datos de la *World Obesity Federation* en el año 2025 (el año que viene) 3.041 millones de personas padecerán sobrepeso (42% de la población mundial) de los cuales 1.249 tendrán obesidad. En el continente americano un 36% de los hombres y un 40 % de las mujeres padecerán obesidad.

Estas cifras son escalofriantes y, de ahí la importancia que tiene encontrar, con urgencia, instrumentos que puedan ayudar a revertir esta situación. Sin duda la DMM es uno de estos instrumentos y hay que empezar a implementarla ya en todo México y el resto de países americanos.

La presente obra, **Dieta Mediterránea Mexicanizada, una forma de vida** expone de manera clara los elementos que la componen y da consejos y normas prácticas de cómo aplicarla en el día a día.

Ojalá esta guía tenga una gran difusión en México y en el resto de países del continente americano.

Dr. Xavier Formiguera. MD, PhD.

Te comparto un poco de mí, me licencié en nutrición en la universidad pública de Tabasco donde nací, tuve el privilegio de hacer estancia de investigación en el instituto nacional de nutrición de mi país en Ciudad de México, donde conocí a fondo la magia de la investigación en las enfermedades donde la nutrición juega un papel muy importante. Para ser honesto para esos años de capacitación y estudio, a pesar de tener el conocimiento científico y ser amante de la actividad física específicamente el trotar y caminar de manera regular, percibía que otorgaba mucha teoría a mis pacientes y poco testimonio de mi parte, me di cuenta que entre el decir y el hacer, había un gran trecho que me impedía gozar de los beneficios de una nutrición que me proporcionara buena calidad de vida, por lo mismo deseaba seguir estudiando para poder comprender aún más este acto maravilloso, como lo es el comer y todo el mundo que involucra a la nutrición humana.

Pasado un tiempo de ejercer como nutriólogo y profesor en la misma universidad donde estudie, compartí con inmensa emoción a mis familiares que había sido aceptado en una universidad española para realizar un doctorado en medicina; así que mi vida académica continuaría esos siguientes años. Cuando llegué a Barcelona, España, lo hice con mucha ilusión y apertura para aprender todo lo que esa gran ciudad y universidad me enseñaría, el primer desafío fue aprender catalán, ya que mis clases y la atención en la consulta eran en dicho idioma. Poco a poco me fui integrando a la vida mediterránea de la bella Barcelona, tuve el gran honor de estar con un científico reconocido en España y líder en Europa en el estudio de la obesidad, eso me permitió aprender de su mentoría la vida mediterránea y la ciencia de la medicina enfocada a la pandemia de la obesidad.

Mi rutina los siguientes cinco años inmerso en el hospital universitario mediterráneo, fue muy similar, me toco desayunar, comer, cenar y disfrutar de colaciones entre las comidas principales, viví en Barcelona, y camino al hospital, caminaba cada día para la estación del metro y luego del tren del que disfruté cada mañana la vista del mar mediterráneo, ya que el hospital estaba en una zona a las afueras de Barcelona. Para mi sorpresa las primeras curiosidades en este aspecto alimentario, fue que a media mañana dando consulta con mi mentor, me pidió que detuviéramos la consulta para ir a comer algo a la cafetería, de la misma manera para la comida y por último en mi caso también cenaba en el hospital por una beca que obtuve de bibliotecario y logré que me aceptaran en la biblioteca del mismo hospital universitario, lo que me favoreció para evitar traslados y realizar todo en un mismo lugar. Me impresionó mucho ver como se paraba la consulta esos momentos para que el personal sanitario y administrativos de manera escalonada fueran pasando al comedor en esos tiempos de comida, aun habiendo consulta externa en espera, los pacientes de la misma manera sacaban su bocadillo y en la sala de espera percibí que también consumían sus alimentos. Por lo tanto, mi alimentación en su mayoría en esos años fue 100 % mediterránea, por supuesto que extrañaba el picante y nuestros deliciosos guisos mexicanos, pero comente al inicio mi postura al pisar suelo catalán por primera vez, me propuse ser una esponja para aprender lo más que pudiera para regresar a México y aplicarlo con mi gente querida. En ese tiempo no solo consumí las preparaciones mediterráneas, tuve una vida activa, al no tener vehículo, caminaba cada día por el placer de admirar y disfrutar esas bellas y emblemáticas avenidas, de igual manera me compré una bicicleta y utilicé ese mágico vehículo que hacía únicos los recorridos en los recovecos barceloneses, para generalmente rodar al pie del mediterráneo y reposar en sus maravillosas y ambientadas playas. Todo ese cambio de vida tuvo grandes efectos en mi organismo por ejemplo, la vitalidad que tenía cuando aún estaba en México, se elevó de manera exponencial en este lado del mundo, mis tallas, cambiaron, me recordaban un poco las tallas de ropa de cuando estudie la preparatoria, mi energía para el estudio igual fue sorprendente, y de hecho yo le decía a mi mentor que si quería, podía citar pacientes los sábados para avanzar a un más rápido en mi tesis doctoral, a lo que él me respondía que el fin de semana era para descansar, que el lunes continuaríamos la acción, así lo hice esos años, y eso me obligo a experimentar lo que es el descanso, de igual manera me impresionaba que cuando salía el fin de semana a reunirme con los amigos que la gran mayoría eran extranjeros igual que yo, me di cuenta que en casi todos los establecimientos no faltaban los alimentos típicos mediterráneos como las olivas, el pescado, los montaditos (pan con alguna preparación con quesos, pescado o jamón) y el irresistible *Pa amb tomàquet* (pan con tomate aceite y ajo) y deliciosos vegetales con aceite de oliva, y por supuesto el tan preciado vino tinto y el cava. Algo muy interesante de la vida mediterránea es que se disfruta la preparación de los alimentos, muchos compañeros del hospital, compartían las recetas de lo que cocinaban e inclusive los varones están inmersos en la cocina al igual que las mujeres de tal manera que es un verdadero placer degustar y preparar tus propios alimentos. Fue entonces que esos años de vida mediterránea, se convirtieron en un curso intensivo de encontrar esa magia de disfrutar los alimentos, la vida activa y el contacto con la naturaleza. Debo compartirte estimado lector (a) que estas líneas van acompañadas de mi testimonio, de lo que experimenté adoptando la forma de vida mediterránea. Toda esta aventura fue y ha sido una de las más enriquecedoras que he disfrutado en mi vida y que le debo muchas enseñanzas de las que podría decir, me cambiaron la vida de manera positiva, por eso bendigo el conocimiento y la investigación que nos permite estar en constante mejora, te invito a disfrutar el contenido de este libro y te insto a que creas todo lo que te comparto, lo hagas, lo compruebes y logres esa transformación que experimenté en mi vida para ti y tu familia.

Introducción

Podemos constatar cómo ha cambiado el mundo, en 1970 la población mundial rural ocupaba el 63 % y 37 % la urbana, mientras que en el año 2000 los datos cambiaron 53 % población rural y 47 % urbano y se tiene proyectado para el 2030 la población mundial este distribuida en un 40 % población rural y del 60 % de población urbana[1] , estos datos son preocupantes y acompañado de economías emergentes, sus habitantes están más sobrealimentados y a la vez subnutridos, no logrando inclusive a consumir los requerimientos mínimos diarios de distintos nutrientes básicos para el funcionamiento del organismo[2] , la manera de vivir e inclusive de ver la vida, se ha visto influenciada por la mercadotecnia en la que se suman el alto consumo de alcohol, tabaco, drogas y/o actividad física insuficiente, idolatría a la imagen corporal y terror al envejecimiento, esto ocasiona un impacto considerable en la salud de la población.[3] Por tales razones la Organización de las Naciones Unidas (ONU), propuso objetivos de desarrollo sostenible (ODS), que constituyen un llamamiento universal a la acción para poner fin a la pobreza, proteger el planeta y mejorar las vidas y las perspectivas de las personas en todo el mundo. En 2015, todos los estados miembros de las naciones unidas aprobaron 17 ODS como parte de la agenda 2030[4] para el desarrollo sostenible. Actualmente se está progresando en algunos lugares, pero en general, las medidas encaminadas para lograr los objetivos no avanzan a la velocidad ni en la escala necesaria, y con la aparición de la pandemia por Covid-19, esto aún se complicó más. La presente obra intenta aportar soluciones 2030 para México y el mundo.

Capítulo 1.

¿Cuál es el panorama fisiopatológico y metabólico de México y el mundo?

Los nuevos datos sugieren que la obesidad al igual que otras enfermedades relacionadas al síndrome metabólico (SM) es un potente factor de riesgo para la aparición de complicaciones de COVID-19[5.] La comorbilidad ha sido uno de los factores de riesgo mayor para las personas que han sido infectadas y según datos del Instituto Nacional de Estadística y Geografía (INEGI) al inicio del año 2020, la mortalidad se incrementó al padecer enfermedades catalogadas como comorbilidades, y las más comunes según el informe fueron hipertensión (30 %), diabetes (19 %) y enfermedad coronaria (8 %), que se consideran en el síndrome metabólico[6]. La contingencia sanitaria ha puesto en evidencia la urgencia de cambiar los hábitos alimentarios de nuestra población. En México, se ha producido: un aumento en la ingesta de alimentos ultra procesados de acuerdo a los resultados obtenidos en el estudio realizado por la Organización Panamericana de la Salud (OPS, 2020). México se encuentra en el segundo lugar como consumidor de estos productos y refrescos embotellados[7], lo que ha demostrado inseguridad alimentaria por sobrealimentación y a la vez por estar infra nutridos. Los resultados de la Encuesta Nacional de Salud y Nutrición (ENSANUT) 2020[7] demuestran que la prevalencia actual del sobrepeso y obesidad afectan los diferentes grupos de edad. La situación es alarmante debido a las cifras considerables de la población mexicana presentando un exceso de grasa corporal. El sobrepeso y la obesidad no habían llegado a niveles tan altos[8]. La alimentación juega un papel crucial, y hoy se sabe que los alimentos pueden prevenir parcial o totalmente enfermedades como la diabetes, hipertensión, dislipidemias.

El impacto que tiene la obesidad en el organismo está conformado por la entidad conocida como SM[9]. El Síndrome Metabólico, es un estado patológico caracterizado por obesidad abdominal, resistencia a la insulina, hipertensión e hiperlipidemia, es el mayor peligro para la salud del mundo moderno. Las características en cuanto al desarrollo del síndrome metabólico es el aumento del consumo de comida rápida la cuál es alta en calorías y baja en fibra, el uso de transportes mecanizados y la forma sedentaria de actividades de tiempo libre han desencadenado la disminución de la actividad física[10].

De acuerdo con cifras del INEGI, durante el 2020 se registraron 1, 086, 094 muertes en México, las tres principales causas de muerte a nivel nacional fueron por enfermedades del corazón, COVID-19 y diabetes mellitus[11].

En cuanto a las medidas decretadas en todo el mundo para frenar la propagación de la COVID-19, tomo mucha importancia velar por la disponibilidad de suficientes alimentos nutritivos que se distribuyan de forma justa para cubrir las necesidades nutricionales de la población en especial de los más vulnerables. Es de importancia que los sistemas alimentarios sean equilibrados, nutritivos, eficientes e inclusivos en todas partes del mundo[12]. Existe preocupación en los países latinoamericanos por la alta prevalencia de sobrepeso, obesidad, factores de riesgo para hígado graso y obesidad sarcopénica. En México, por ejemplo, el 60 % de adultos de entre 20 y 29 años tienen obesidad abdominal[13].

México cuenta con programas de salud alimentaria, sin embargo, el impacto de la pandemia COVID-19 dejo ver que se carece de un programa nacional consolidado y con recursos presupuestales para la prevención de la mala nutrición que sea capaz de contribuir a reducir el impacto nutricional y de salud desde los primeros años de vida[14].

Capítulo 2. Dieta Mediterránea Tradicional ¿Por qué es el patrón de alimentación más saludable del mundo?

La Dieta Mediterránea tradicional (DMt)ofrece una protección significativa frente COVID-19. Los efectos demostrados de la Dieta Mediterránea sobre los componentes del síndrome metabólico en lo terapéutico y en lo preventivo.

La guía de alimentación de Dieta Mediterránea tradicional propuesta por la Fundación de Dieta Mediterránea Figura 1.

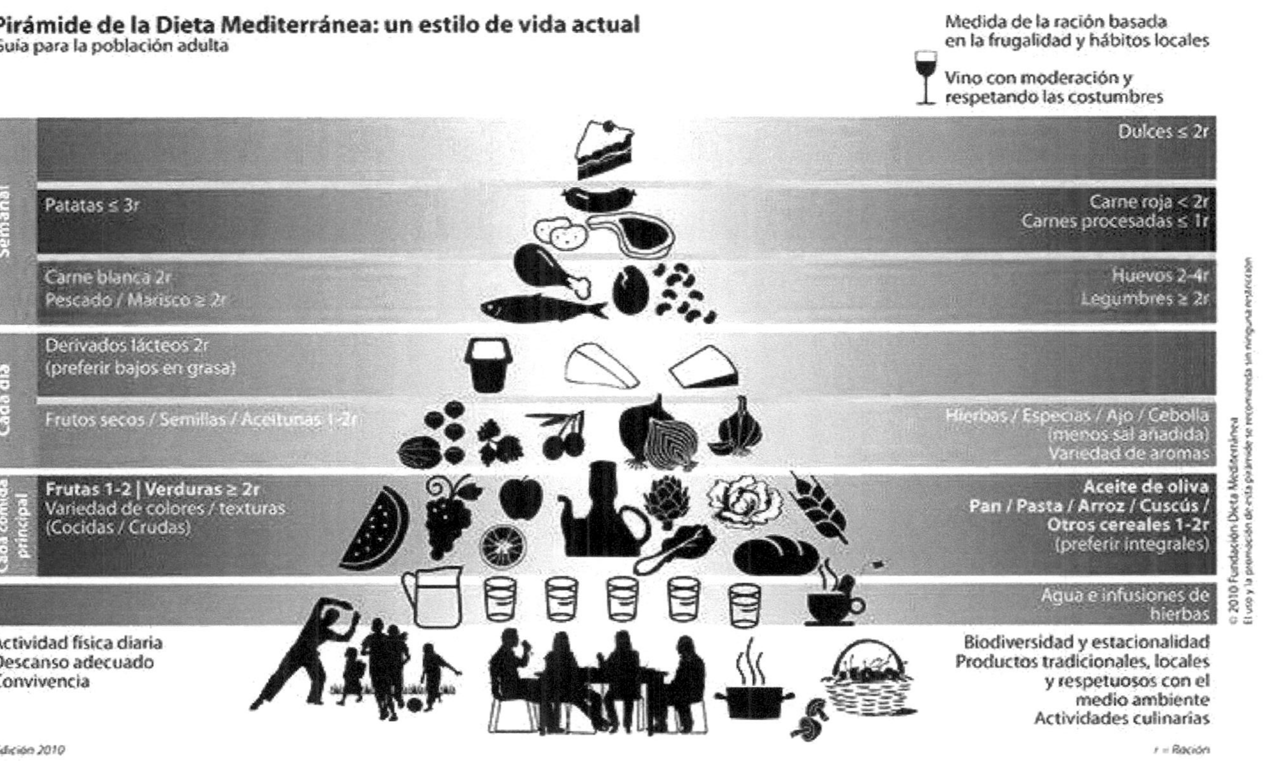

Figura 1. Pirámide de la Dieta Mediterránea: un estilo de vida actual[15]

17

La dieta mediterránea incorpora elementos cualitativos y cuantitativos en la selección de alimentos. La pirámide tradicional de la DM se ha puesto al día para adaptarse al estilo de vida actual. Por iniciativa de la fundación Dieta Mediterránea y en colaboración con numerosas entidades internacionales, un amplio grupo de expertos enriquecieron la representación gráfica con la incorporación de elementos cualitativos. La nueva pirámide sigue la pauta de la anterior: sitúa en la base los alimentos que sustentan la dieta, y relega a los estratos superiores, gráficamente más estrechos, aquellos que se deben consumir con moderación. Pero además se añaden indicaciones de orden cultural y social íntimamente ligados al estilo de vida mediterráneo, desde un concepto de la dieta entendida en un sentido amplio. No se trata tan sólo de dar prioridad a un determinado tipo de alimentos, sino a la manera de seleccionarlos, de cocinarlos y de consumirlos. También refleja la composición y número de raciones de las comidas principales. Se puede considerar además de una pauta nutricional saludable, un estilo de vida equilibrado que engloba recetas, técnicas culinarias, costumbres, productos típicos y actividades diversas.

Este patrón alimentario aporta numerosas propiedades beneficiosas para la salud, entre las que destaca el tipo de grasa utilizado principalmente aceite de oliva, las proporciones de los nutrientes principales que emplean sus recetas (cereales y vegetales como base de los platos y carnes como guarnición) y la riqueza en micronutrientes que contiene, debido a la utilización de verduras de temporada, hierbas aromáticas y condimentos.

La pirámide de la dieta mediterránea sitúa en la base los alimentos que deben sustentar la dieta y relega a los estratos superiores, aquellos que se deben consumir con moderación. Pero además se añaden indicaciones de orden cultural y social ligados al estilo de vida mediterráneo. También refleja la composición y número de raciones de las comidas principales.

En la base de la pirámide se recomiendan una o dos raciones por comida, en forma de pan, pasta, arroz, cuscús u otros. Deben ser preferentemente integrales ya que algunos nutrientes (magnesio, fósforo, etc.) y fibra se pueden perder en el procesado. Las verduras deben estar presentes en la comida y en la cena, aproximadamente dos raciones en cada toma. Por lo menos una de ellas debe ser cruda. La variedad de colores y texturas aporta diversidad de antioxidantes y de sustancias protectoras. Se debe garantizar un aporte de entre 1.5 y 2 litros de agua. Una correcta hidratación es esencial para mantener un buen equilibrio de agua corporal, si bien las necesidades varían según la edad, el nivel de actividad física que se realice, la situación personal y las condiciones climáticas. Además de beber agua directamente, el aporte de líquido se puede completar con infusiones de hierbas con azúcar moderada y caldos bajos en grasa y sal.

Características de la dieta mediterránea:

- Utilizar el aceite de oliva, como principal grasa de adición. Es un alimento rico en vitamina E, beta-carotenos y ácidos grasos monoinsaturados que le confieren propiedades cardioprotectoras. Este alimento representa un tesoro dentro de la dieta mediterránea, y ha perdurado a través de los siglos entre las costumbres gastronómicas regionales, otorgando a los platos sabor y aroma únicos.

- Consumir alimentos de origen vegetal en abundancia: frutas, verduras, champiñones, legumbres y frutos secos. Las verduras, hortalizas y frutas son la principal fuente de vitaminas, minerales y fibra de esta dieta y aportan al mismo tiempo, una gran cantidad de agua. Es fundamental consumir 5 raciones de fruta y verdura a diario. Gracias a su elevado contenido en antioxidantes y fibra pueden contribuir a prevenir algunas enfermedades cardiovasculares y algunos tipos de cáncer.

• Pan y alimentos procedentes de cereales (pasta arroz y especialmente sus productos integrales). Deberían formar parte de la alimentación diaria. El consumo diario de pasta, arroz y cereales es indispensable por su composición rica en carbohidratos. Aportan una parte importante de energía necesaria para nuestras actividades diarias.

• Los alimentos poco procesados, frescos y de temporada son los más adecuados. Es importante aprovechar los productos de temporada ya que, sobre todo en el caso de las frutas y verduras, nos permite consumirlas en su mejor momento, tanto a nivel de riqueza de nutrientes como por su aroma y sabor.

• Consumo diario de productos lácteos principalmente yogur y quesos. Nutricionalmente se debe destacar que los productos lácteos son excelente fuente de proteínas de alto valor biológico, minerales (calcio, fósforo, etc.) y vitaminas. El consumo de productos lácteos fermentados se asocia a una serie de beneficios para la salud porque contienen microorganismos vivos capaces de mejorar el equilibrio de la micro flora intestinal.

• La carne roja se sugiere consumir con moderación y si puede ser como parte de guisos y otras recetas. Y las carnes procesadas en cantidades pequeñas y como ingredientes de bocadillos y platos. El consumo excesivo de grasas animales no es bueno para la salud. Por lo tanto, se recomienda en cantidades pequeñas, preferentemente carnes magras y formando parte de los platos a base de verduras y cereales.

• Consumir pescado en abundancia y huevos con moderación. Se recomienda el consumo de pescado azul como mínimo una o dos veces a la semana ya que sus grasas – aunque de origen animal- tienen propiedades muy parecidas a las grasas de origen vegetal a las que se atribuyen propiedades protectoras frente a enfermedades cardiovasculares Los huevos contienen proteínas de muy buena calidad, grasas y muchas vitaminas y minerales que los convierten en un alimento muy rico. El consumo de tres o cuatro huevos a la semana es una buena alternativa a la carne y el pescado.

• La fruta fresca tendrá que ser el postre habitual. Los dulces y pasteles deberán consumirse ocasionalmente. Las frutas son alimentos muy nutritivos que aportan color y sabor a nuestra alimentación diaria y son también una buena alternativa a media mañana y como merienda.

• El agua es la bebida por excelencia en el mediterráneo. El vino debe tomarse con moderación y durante las comidas. El agua es fundamental en nuestra dieta. El vino es un alimento tradicional en la dieta mediterránea que puede tener efectos beneficiosos para la salud consumiéndolo con moderación y en el contexto de una dieta equilibrada.

• Realizar actividad física diariamente. Mantenerse físicamente activo y realizar cada día un ejercicio físico adaptado a nuestras capacidades es muy importante para conservar una buena salud.

La dieta mediterránea ha demostrado ser un patrón de alimentación contagioso[16], así lo mostró un estudio realizado en personas con factores de riesgo cardiometabólico que se sometieron a un programa de dieta mediterránea y ejercicio y observaron que los familiares de los participantes tuvieron adherencia al patrón mediterráneo y tuvieron una reducción de peso. La evidencia en cuanto a la efectividad de la Dieta Mediterránea en la prevención y tratamiento del sobrepeso y obesidad infantil está ampliamente demostrada.[17]

Capítulo 3. Dieta Mediterránea Mexicanizada (DMM) ¿En qué consiste?

En 2004 me trasladé a la ciudad de Barcelona a realizar el doctorado en medicina en la universidad autónoma de Barcelona, al transcurrir esos años pude vivir como mediterráneo y acudir a congresos dirigidos al estudio de la Dieta Mediterránea y la obesidad. No lograba comprender la trascendencia de este regalo, hasta volver a México a la zona sur específicamente a Tabasco, fue entonces que uno de mis primeros trabajos de investigación que realice de regreso a mi país. Repliqué la tesis doctoral que por sugerencia de mi grupo de sinodales el día de mi defensa de la tesis doctoral y es ahí donde nació la magia de recordar lo que viví como mediterráneo, ya que al hacer el comparativo de los resultados de los estudios de mujeres mediterráneas y mujeres mexicanas ambos grupos con normo peso, sobrepeso y obesidad, al analizar los resultados en las mujeres con normopeso, con edades muy similares de ambos países, en sus parámetros cardiometabólicos observamos diferencias considerables, por ejemplo los datos de lípidos como el colesterol HDL, triglicéridos, colesterol total, porcentaje de grasa corporal, perímetro de cintura, nivel de actividad física, era más saludables en las mujeres mediterráneas, la gran pregunta que me hice hace muchos años fue ¿A qué se debe esa mejor salud cardiometabólica? Y la respuesta fue a esa forma de vida que este grupo de mujeres viven día a día. Por lo que fue en ese momento cuando vino a mi mente esa manera de vivir en el mediterráneo y eventos académicos, donde se mostraban las grandes bondades cardioprotectoras de múltiples grupos de investigación formados por líderes como el Dr. Lluís Serra Majem, Dr. Jordi Sala Salvadó, Dr. Ramón Estruch y en el terreno del estudio de la obesidad mi querido profesor Dr. Xavier Formiguera Sala, todas sus aportaciones son y serán siempre mi gran inspiración y por su puesto el Dr. Ancels Keys que es el pionero del estudio de la Dieta Mediterránea. Y fue aquí donde empecé a analizar los nutrientes estudiados por estos grupos, me enfoque más en el nutriente, no sólo en el alimento, y es así como me puse manos a la obra con mi primer equipo de investigación formado en aquel momento cinco jóvenes mexicanos que realizaron la tesis de licenciatura en nutrición y otras jóvenes brillantes de Panamá y Cuba, por lo tanto estos siete talentosos investigadores fueron mi equipo para crear y bautizar esta forma de vida como la Dieta Mediterránea Mexicanizada (DMM).

La Dieta Mediterránea Mexicanizada, introduce alimentos de uso común en la población mexicana, en similar composición en nutrimentos a los consumidos en el mediterráneo, además de incluir orden de consumo. La DMM ha planteado la inclusión de lo mejor de dos mundos, considerando que la Dieta Mediterránea y la comida mexicana fueron galardonadas en 2010 como patrimonio inmaterial ante la UNESCO, por lo que el patrón de DMM rescata la inclusión de nutrientes contenido en los alimentos mediterráneos, similares a los de México con la forma de consumo mediterráneo[18].

En la versión DMM, se promueve el mismo orden, pero con diferente preparación culinaria, para conservar el uso y consumo de alimentos y especies de la región[16]. Otro alimento 100% mexicano es, el cacao representante de la DMM. El papel fundamental que juega la obesidad en el síndrome metabólico (SM) y en el ulterior desarrollo de complicaciones. Hoy existe sólida evidencia científica sobre el efecto del cacao como potente alimento terapéutico sobre los componentes del SM; así lo manifiestan diversos estudios realizados en humanos occidentales en los últimos años que han confirmado que el consumo de cacao reduce la tensión arterial elevada en personas hipertensas y puede ayudar a prevenirla[19]. La evidencia científica demuestra que los componentes del cacao actúan sobre el metabolismo los cuales ayudan a regular la glucosa y reducir el riesgo de las complicaciones asociadas a la diabetes[20]. En este sentido se debe consumir más cacao natural para controlar la diabetes mellitus e hipertensión[21].

Está demostrado que el consumo regular de cacao natural junto a una dieta equilibrada no altera negativamente las cifras de glucosa en personas con sobrepeso. En este mismo sentido el cacao natural, rico en flavonoides tiene efectos anti-obesidad y contribuye a reducir el riesgo de complicaciones asociadas al exceso de grasa[22].

Otra particularidad es el consumo de ácidos grasos mono insaturados (AGM) que se encuentran en el aceite de oliva el cual es el representante de la DMt y la versión de este mismo para nuestro país sería el aguacate que es un alimento 100 % mexicano, en otro sentido se promueve el uso y consumo de grasas vegetales en forma de frutos secos, un consumo adecuado de vegetales en forma de ensaladas, la DMM promueve la utilización en forma de caldos, ensaladas o licuado de vegetales verdes como la chaya o espinaca, incrementando el efecto demostrado sobre el aumento de saciedad, conservando el orden de consumo que practican los mediterráneos que es el consumo inicial de verduras, seguido de cereales y por último el de productos de origen animal. Un ejemplo de esto es mantener las características primordiales de la elevada frecuencia de ingesta de carnes blancas, importante fuente de grasas polinsaturadas, potentes en su papel cardioprotector, en su mayoría pescado y poco consumo de carnes rojas[23].

Un estudio realizado por Hibbeln J.R. y *et.al*, demostró que mujeres embarazadas que consumieron pescados y mariscos, presentaron una disminución del 14 % en depresión posparto, una reducción significativa de nacimientos pre-término, admisión de neonatos a unidades de cuidados intensivos y así como también identificaron que presentaron menor riesgo de coeficiente intelectual bajo[24].

La relevancia y urgencia de intervenir en prácticas de alimentación saludables a la población mexicana permitirá permear a sus familias de hábitos para prevenir enfermedades crónicas y a la vez construir una cultura alimentaría que sea amigable con el ambiente y favorezca el consumo local. A la vez, resulta posible mejorar la calidad de vida de la comunidad, si se reduce el consumo de fármacos y se reactivan las actividades productivas del campo y la pesca, contribuyendo así al movimiento económico por ahorro al tratamiento de las enfermedades y promoviendo la economía circular y local[25].

Dr. Ramón Estruch
(Expresidente de la Fundación
Dieta Mediterránea)

Dr. Emilio Alberto De Ygartua
Monteverde
Rector Universidad Olmeca

Dr. Lluis Serra Majem
(Expresidente de la Fundación
Dieta Mediterránea)

Dr. Xavier Formiguera Sala
(Mi mentor)

Directivos de la secundaria No. 66
Hidalgo México. Primer lugar
concurso internacional Proyecto
Dieta Mediterránea Mexicanizada
«Acciones sustentables al rescate
del planeta»

Dr. José Manuel Piña Gutiérrez
Exrector Universidad Juárez
Autónoma de Tabasco

Dr. Jorge Vergara Galicia
Investigador y cofundador de
laboratorio Kakaw labs

Aitana Sierra Arana y Alin
Arana Mendoza
Mi soporte

Dr. Xavier Formiguera Dr
Jordi Sala, Salvadó
Investigador del Estudio
PREDIMED

Nut. Fátima del Carmen Sánchez Jiménez,
Nut. Miqueas Perera Cupil, Presentación
primeros resultados de la DMM
Congreso Latinoamericano la Habana Cuba

Universidad Autónoma de Barcelona
Unidad Imagen Corporal UAIC
Barcelona España

Est. Maria Fernanda Cortes García,
Est.Yulissa Hernández Núñez
ExpoCiencias Internacional 2022, Guía
de Alimentación de Dieta Mediterránea
Mexicanizada
Santiago de Chile

Equipo DMM
Tabasco México

Sr. Eleazar Cabrera Paredes
Director de CHARRICOS
Empresa tabasqueña

Est. Luis Arturo López Pérez
ExpoCiencias Nacional
Hermosillo, Sonora 2023 «App
Dieta Mediterránea
Mexicanizada» & Cacao Mx
Sonora México

Capítulo 4.   ABC de la intervención con Dieta Mediterránea Mexicanizada

Letra A. Evaluación del estilo de vida en las personas. El estado de nutrición del ser humano, producto del estilo de vida. El estado nutricional de una persona o colectivo es el resultado de la interrelación entre el aporte nutricional que recibe y las demandas nutritivas del mismo, necesarias para permitir la utilización de nutrientes, mantener las reservas y compensar las pérdidas[26].

La valoración nutricional, consiste en la determinación del nivel de salud y bienestar de un individuo o población desde el punto de vista de su nutrición. Supone examinar el grado en que las demandas fisiológicas, bioquímicas y metabólicas, están cubiertas por la ingestión de nutrientes. Diversos factores anatómicos, fisiológicos o psicológicos, además de poder disponer o no de comida, desempeñan un papel determinante en el estado nutricional[27].

La determinación nutricional de un individuo es igual de válida para un colectivo más o menos amplio, aunque no siempre se utilizará la misma metodología en ambas situaciones. Conocer cuál es la situación nutricional de la población adulta en general, a escala local y/o de comunidades autónomas, es fundamental con vistas a distintas intervenciones en materia de salud pública. Los resultados de los estudios realizados deben permitir tomar medidas concretas que vayan desde la educación nutricional hasta la política alimentaría.

La valoración del estado nutricional permite proporcionar una asistencia sanitaria de alta calidad e identificar individuos en situaciones de riesgo nutricional.[28]

Los trastornos de la nutrición se acompañan de complicaciones tan diversas como un retraso en la cicatrización de las heridas o una menor resistencia a las infecciones y alteraciones en el crecimiento y desarrollo de los niños.

Al valorar el estado nutricional de un individuo nos podemos encontrar con que éste sea normal o que presente malnutrición, problema que afecta a pacientes hospitalizados[29] como en el ámbito comunitario[30], así como población institucionalizada[31,32], y esta comprende las alteraciones del estado nutricional que se conocen como, por defecto, desnutrición y, por exceso, obesidad[33].

La obesidad y el sobrepeso son un importante problema de salud pública, que va en aumento en todas las edades[34] el cual merece su atención, ya que propicia el desarrollo de enfermedades cardiovasculares y diabetes en la generalidad de las sociedades occidentales.

La mayoría de pruebas empleadas para valorar el estado de nutrición se han desarrollado como resultado de las observaciones en niños que sufrían desnutrición grave. La necesidad de evaluar el estado de nutrición en la clínica ha hecho que se utilizarán estas mismas pruebas y bien, son útiles desde el punto de vista epidemiológico y se correlacionan más o menos con la morbilidad y la mortalidad, ninguna de ellas tiene valor consistente individual en pacientes, y pierden toda especificidad en el enfermo especialmente en estado crítico. Partiendo de la base de que no existe el marcador ideal, no hay uniformidad de criterios respecto a qué parámetros son los más útiles para valorar el estado nutritivo de un individuo y su relación con el estilo de vida.

Se proponen realizar una buena **letra A. Evaluación.** La siguiente propuesta intenta considerar al ser humano, como un todo, es decir hacer una evaluación exhaustiva de los factores que predisponen a enfermedades por los genes y raza, hasta los ocasionados por el ambiente inmerso en el estilo de vida, haciendo un análisis del impacto en el estado de nutrición.

      História clínica (antecedentes heredofamiliares etc.)

      Exploración física (antropometría, signos y síntomas clínicos)

      Características socioeconómicas (nivel de estudios y ocupación)

      Composición corporal (evaluado por impedancia bioeléctrica)

      Estado funcional (por dinamometría manual)

      Consumo alimentario (cuestionario de recordatorio de 24 horas y adherencia a la dieta mediterránea)

Actividad física y el sedentarismo (evaluado con el cuestionario internacional de actividad física versión corta IPAQ

Indicadores bioquímicos del estado nutricional (química sanguínea, biometría hemática, TGO, TGP, GGT, Fostasa alcalina, Insulina basal)

Detección de oportuna de los componentes del síndrome metabólico en niños adultos (pruebas bioquímicas alteradas de lípidos, glucosa, transaminasas, presencia de índice cintura/ talla alterada, acantosis nigricans)

Evaluación y diagnóstico del hígado graso no alcohólico

Determinación de Obesidad sarcopénica (prueba de actividad física, impedancia bioeléctrica y dinamometría manual)

Evaluación de la calidad de vida relacionada con la salud (evaluada con instrumento SF-36) Con todos estos parámetros evaluados tendremos una buena letra B

B. Diagnóstico. el cual podremos determinar, normopeso, sobrepeso u obesidad, por (índice de masa corporal IMC y por Índice cintura/talla ICT, normo graso o exceso de grasa corporal por impedancias dieléctrica) pruebas bioquímicas, valores saludables de los diversos parámetros bioquímicos, o bien, anemia, síndrome metabólico por mencionar algunos.

Y al final consolidar la **letra C. Tratamiento.** Es aquí donde se plantea la Dieta Mediterránea Mexicanizada como un tratamiento donde los medicamentos son los alimentos, porque al igual que los fármacos, los alimentos igual tendrán horarios, tipos de alimentos dosis (cantidad de alimentos a consumir) orden de consumo. Se aclara que no es una dieta sino una forma de vida que es la traducción de la palabra griega «diaita».

Capítulo 5.   Guía de alimentación de Dieta Mediterránea Mexicanizada

La dieta mediterránea es conocida y reconocida por sus cualidades alimentarias y cuya particularidad es que se sustenta en el uso de los recursos naturales de la región y con evidencia en prevención primaria de enfermedades cardiovasculares[35], este patrón de alimentación está alineado a los Objetivos de Desarrollo Sostenible (ODS) propuestos por la ONU, razón por la cual se llevó a cabo, la creación de la infografía de la guía de alimentación de la Dieta Mediterránea Mexicanizada, así como evaluar su apreciación y comprensión, teniendo como base la adaptación de la pirámide propuesta por la Fundación Internacional de la Dieta Mediterránea.

¿Cómo se realizó la Guía de Alimentación de Dieta Mediterránea Mexicanizada?

Se hizo un estudio descriptivo. Debido a las condiciones por del **SARS-CoV-2,** esta investigación se realizó empleando las Tecnologías de la Información y las Comunicaciones (TIC´s), la aplicación del instrumento, captura de datos, el estudio se realizó en el Estado de Tabasco. La población estuvo constituida por estudiantes, personal docente y administrativo de la Universidad Olmeca, así como personas externas a la institución familiares y conocidos. El tipo de muestreo fue a conveniencia.
Los criterios de inclusión: Personas mayores de edad, Personas que supieran leer y escribir. Alumnos, personal docente y administrativo de la Universidad Olmeca, familiares y conocidos, Ser mexicanos o residentes extranjeros en la república mexicana. **Los criterios de exclusión:** Ser menor de edad, incumplimiento de cualquiera de los criterios de inclusión. Personas con dificultades visuales. **Criterios de no elegibilidad:** Participantes que los datos de la encuesta no estuvieran completos.

El estudio se realizó en dos fases:

Primera fase: Consintió en agrupar los alimentos representativos en nutrientes del esquema de Dieta Mediterránea tradicional y los de la Dieta Mediterránea Mexicanizada, y se conformó la adaptación de la infografía de la pirámide de la Dieta Mediterránea propuesta por la Fundación de Dieta Mediterránea para crear la infografía de la DMM bajo los siguientes lineamientos: Donde se respondieron los siguientes cuestionamientos claves de la alimentación que conforman los elementos de la infografía de la DMM.

5.1 ¿En qué orden comer?

En el esquema de DMt el orden de consumo típico mediterráneo es primero el consumo de vegetales, de segundo cereales o legumbres y hasta el último el producto de origen animal. En la guía de DMM la indicación es el siguiente:

5.2 Orden de consumo:

Inicia con vegétales (sopa, ensalada, licuado DMM); sigue con cereales y/o legumbres y por último productos de origen animal este orden es para una comida, el orden de consumo sugerido para el desayuno o la cena ejemplo: 1ero. Licuado DMM (espinaca, cacao, avena o amaranto, fruta de temporada y endulzante natural). 2do. Tostadas (tortilla de maíz, vegetales, frijol, pollo aguacate, limón).   Al iniciar un tiempo de comida con una porción de alimentos con baja densidad energética(vegetales), que es una opción típica mediterránea, es una excelente estrategia para el control de peso y el consumo de preparaciones como una sopa o un licuado como una precarga aumenta la saciedad.

Una de las bondades del esquema de DMt es la cultura de los horarios de comida que permite tener un buen funcionamiento metabólico por lo mismo en la adaptación de DMM, este punto es de relevante importancia por lo que la indicación en la infografía es:

5.3 ¿Cada cuánto comer?

Al levantarse no debe pasar más de 1 hora para desayunar y a partir de ese momento comer cada 3 horas aproximadamente. Esta pauta permitirá tener armonía metabólica en cuanto a la regulación de los niveles de glucosa y la producción de insulina por parte del páncreas. Se hace mención de ejemplos de todos los tiempos de comida desde el desayuno, colación matutina, comida, colación vespertina y cena. Ejemplo para la colación prefiere: Energía rápida (fruta) + energía lenta (chocolate amargo de 70 % de contenido de cacao en adelante, cacahuates s/sal, palomitas de maíz, hechas en casa).

5.4 ¿Qué comer? En relación con la frecuencia de consumo y ¿Cuánto comer?

Semanal

En la versión de DMt se promueve un consumo de pescado y marisco ≥2 raciones a la semana[21] en el esquema de DMM, r= ración. Se plantea un consumo pescado y marisco > 4r y esto es por las condiciones cardiometabólicas de México donde el consumo es mayor de carnes rojas y menor de carnes blancas, esta propuesta pretende lograr que los efectos de los ácidos grasos poliinsaturados del pescado incidan en la mejora de la presión arterial así como de los lípidos como el colesterol total y la elevación del colesterol HDL, con este consumo en mayor frecuencia con respecto a las poblaciones mediterráneas donde gozan con mejor salud cardiometabólica.

° Carne blanca 3r. preferentemente de rancho, promoviendo este tipo de animales de ahí la relevancia de rescatar en las zonas rurales, la producción de alimentos de traspatio que permitan el autoconsumo y promover la producción de aves de corral alimentadas de manera natural y buscar canales de venta en las ciudades para reducir el consumo de animales alimentados de manera menos saludable.

° Legumbres 3r. En los que se promueve el consumo de frijoles, lentejas, garbanzos excelentes fuentes de proteína, fibra y minerales.

° Tubérculos, yuca, papa < 3r.

° Carne roja < 2r. ° Carne procesada < 1r. ° Huevos 2-3 r. de esta manera reduciendo el consumo sobre todo de carne roja, podrá verse beneficiada la salud de la población mexicana y el medio ambiente.

Dulces < 2-3 r. esto favorecerá la mejora de la incidencia y prevalencia de la diabetes de la que México ocupa los primeros lugares a nivel mundial.

° Menor consumo de ultra procesados. Además, sus efectos nocivos a la salud del ser humano y del medio ambiente, permitirá ahorrar economía para las familias e invertir en alimentos frescos, saludables para el cuerpo y para el alma.

° Agua/Bebidas e infusiones de hierbas toda la semana. DMM pretende recuperar la cultura del consumo de agua de Jamaica, tamarindo, matalí, chaya, entre otras plantas naturales. Éstas darán salud a las personas y les permitirá tener un ahorro económico considerable lo cual podrá contribuir a una reducción de la contaminación provocada por las botellas de refrescos embotellados[36]. Al igual que en la DMt se debe garantizar un aporte de entre 1.5 y 2 litros de agua. La correcta hidratación es esencial para mantener un buen equilibrio corporal según las necesidades de acuerdo a la edad, el nivel de actividad física, la situación personal y las condiciones climáticas. El aporte de líquido se puede completar con infusiones de hierbas con azúcar moderada y caldos bajos en grasa y sal.

° Se recomienda el uso de endulzantes naturales como la miel, azúcar mascabado, estevia toda la semana. Es plenamente demostrado que los endulzantes naturales consumidos en su medida justa endulzan y dan salud.

Consumo cada día

° Cacao natural 2r. Esto como ya se indica su consumo mañana y noche por sus efectos beneficiosos a la salud.
° Chocolate amargo > 70 % contenido de cacao 20g Por lo menos una vez al día por sus efectos neurosaludables[37]
° Derivados lácteos 2r (preferir bajos en grasa). Por su contenido de prebióticos en el caso del yogur.
° Frutos secos / semillas 1-2r. Como los cacahuates sin sal, las almendras, nueces con efectos cardio y neurosaludables. Un alimento consumido de manera típica con moderación es el vino tinto, México no tiene la costumbre generalizada, solo algunas zonas como el centro del país, Baja California, sin embargo, si tenemos acceso a las uvas o en su caso a la uva pasa, prácticamente todo el año por lo tanto se indica tener un consumo de 1 r de pasitas o uvas, excelente fuente de polifenoles, antiinflamatorios.

Cada tiempo de comida

° Fruta 1r.
° Verduras > 2r. Se sugiere que se elijan variedad de colores / texturas cocidas / crudas.
° Aguacate 1r. Este alimento es el alimento tesoro para los mexicanos que al igual que el cacao representa la base de la grasa de la DMM y el caso del aguacate, añadirlo en las diversas preparaciones.
° Maíz, arroz, amaranto, avena, pan, pasta 1-2r. Son fuente primordial de energía, vitaminas minerales y fibra.
° Preferir integrales en mayor consumo de frecuencia
° Hierbas/especies/ajo, cebolla (menos sal añadida) forman parte de la riqueza culinaria como el epazote, cilantro, laurel, entre otros, que permiten sabores y aromas únicos.

5.5 ¿Qué promueve?

- Técnicas culinarias saludables.
- Balance energético
- El consumo local
- La biodiversidad y estacionalidad
- La agricultura y pesca sostenible
- Acceso a alimentos sostenibles y saludables, buenos para el cuerpo y el alma
- Protección de productos y preparaciones tradicionales, considerando la herencia cultural de la comida mexicana patrimonio de la humanidad ante la UNESCO[38], DMM busca salvaguardar la cultura culinaria mexicana adaptada a la forma de vida mediterránea la más saludable del mundo

Que tu alimento sea tu medicamento

Lo que promueve principalmente en los adeptos de la DMM, se aclara que no es una dieta sino una forma de vida que permitirá tener efectos terapéuticos y preventivos para toda la familia, respetando las condiciones individuales de las personas, compartiendo el mismo patrón de alimentación.

Segunda fase:

Se elaboró un instrumento, en el que se evaluó la apreciación y comprensión de la guía de alimentación de Dieta Mediterránea Mexicanizada, en el que se mostraron las imágenes de las infografías 1a y 1b de la guía de alimentación de Dieta Mediterránea Mexicanizada, la cual se envió por medios digitales Se registraron datos sociodemográficos como la edad, sexo, escolaridad, y los siguientes cuestionamientos: Usted ¿Conoce la Dieta Mediterránea? Se respondía Si o NO. De acuerdo con la infografía de la guía de alimentación de Dieta Mediterránea Mexicanizada comprende las preguntas: ¿En qué orden comer?, ¿Cada cuánto comer?, ¿Qué promueve?, de acuerdo a la pregunta: respecto a la frecuencia de consumo: consumir cada tiempo de comida, cada día, semanal. Las opciones de respuesta fueron: No comprendo nada, Comprendo en su totalidad, Tengo dudas.

Resultados: Fase I, creación de la infografía de guía de alimentación de Dieta Mediterránea Mexicanizada figura 2 y 3 se muestra la infografía 1ª y 1ᵇ.

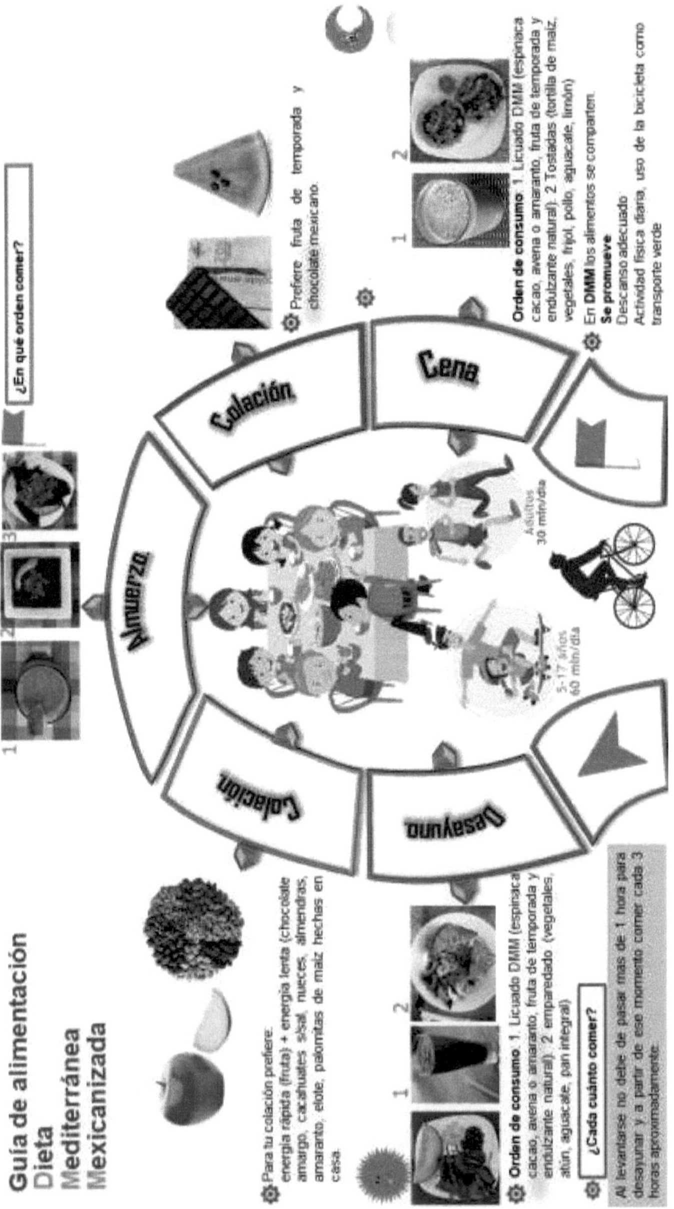

Figura 2. Infografía 1ª Guía de alimentación de Dieta Mediterránea Mexicanizada.

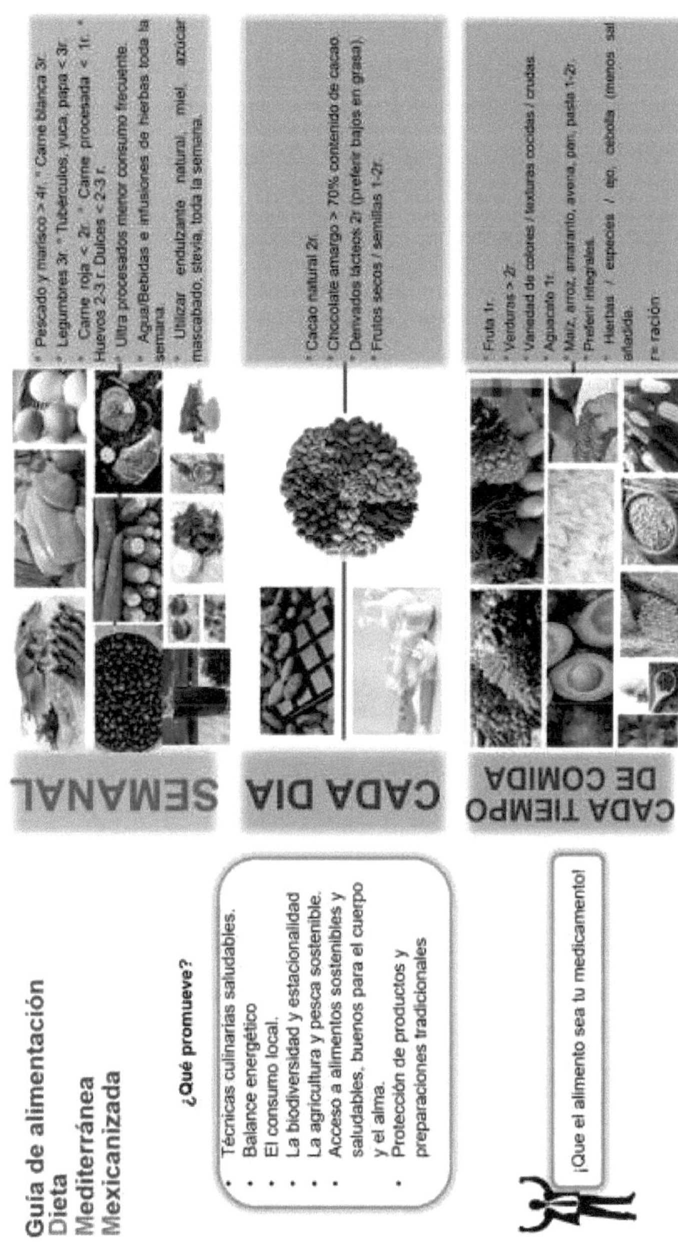

Figura 3. Infografía 1ᵇ. Guía de alimentación de Dieta Mediterránea Mexicanizada.

Fase II. Evaluación de la comprensión de la infografía de Guía de alimentación de Dieta Mediterránea Mexicanizada. Se evaluaron 273 participantes con edad promedio de 42 años, 74 % mujeres y 26 % hombres. Del 82 % de los encuestados la escolaridad fue licenciatura y posgrado, el 17 % bachillerato y el 1 % secundaria. El 51 % de los participantes conocía la Dieta Mediterránea. En cuanto a la comprensión de la infografía el 94 % de los encuestados respondió comprender en su totalidad los dos apartados. El 32.2 % y 27.1 % manifestaron dudas, dirigidas a aspectos muy específicos que no se incluyen en la infografía. Ejemplos ¿Qué beneficios tiene esta dieta? ¿Por qué es diferente a las demás?, ¿Cómo se aplicaría la dieta en pacientes diabéticos? Se observó que las preguntas van dirigidas a aspectos de aplicabilidad de la guía para grupos específicos de personas, en este momento sólo se valoró la comprensión de los componentes que conforman la infografía de la guía de alimentación de la Dieta Mediterránea Mexicanizada (DMM). Sin embargo, en la guía en extenso se consideraron los grupos de enfermedades inmersas en el síndrome metabólico lo cual incluye la diabetes.

México requiere una guía que responda a preguntas elementales en la nutrición del ser humano, como las incluidas en la guía de alimentación de DMM, adaptada de la pirámide de la dieta mediterránea, pero en versión mexicanizada, ya que se modifica la presentación de los alimentos y elementos a incluir, y aporta cuestionamientos básicos en la nutrición que intentan dar guía al lector respecto, a ¿Qué comer?, ¿Cuánto comer?, ¿En qué orden comer? ¿Cada cuánto comer? Siguiendo cabalmente la frecuencia de consumo propuesta por la actual pirámide de la dieta mediterránea, pero sustituyendo alimentos como el aceite de oliva y agregando para la versión de la guía de DMM, el aguacate, el cacao, modificando ligeramente la frecuencia de consumo y otorgando, preparaciones; como el licuado DMM con potentes efectos sinérgicos, que incluye alimentos como el cacao mexicano, representante de la DMM, combinado con cereales como el amaranto y/o la avena, la espinaca y/o chaya, con frutas de temporada, endulzado con endulzantes naturales como la miel de abeja mexicana, azúcar mascabado o estevia, de igual forma promoviendo el consumo de vegetales frescos de la estación, un consumo en mayor frecuencia de pescado en la DMM, con respecto a la sugerencia de la DMt, la razón es por la alta incidencia y prevalecía de enfermedades cardiovasculares en nuestro país, buscando que al consumir con mayor frecuencia los poliinsaturados del pescado, no solo se podrá reducir y prevenir las enfermedades cardiometabólicas[39], e incidir en la mejora de la salud física y mental de la población mexicana.

Las guías actuales como el plato del buen comer[40], que ha permanecido por varios años en México, carece de los elementos cuantitativos, lo que ha ocasionado que sea, más informativa sobre los grupos de alimentos que debe incluir el plato, pero al carecer de elementos prácticos, a pesar de su gran difusión en el sistema educativo de educación primaria mexicano y las escuelas de ciencias de la salud, no ha tenido ningún impacto favorable en la salud de la población. Limita su aplicabilidad, de igual manera no incluye, aspectos relevantes del estilo de vida como lo es la promoción del descanso, la convivencia, el compartir los alimentos, así como el orden de consumo de estos, así como la promoción de una vida activa y el uso de la bicicleta como transporte verde, elementos todos incluidos en la presente guía de alimentación de DMM.

En ella se incluyen los elementos de ¿Cuánto comer? En el ¿Cuánto comer se establecen las porciones sugeridas y la frecuencia de consumo se indica las pautas de manera: cada día, cada comida y de manera semanal, de esta manera la persona tendrá los lineamientos como parte de las metas de la guía lo que busca ser de manera práctica y aplicable este elemento, ligado al ¿Qué comer? y ¿En qué orden comer? y el tiempo establecido de consumo establecidos en el ¿Cada cuánto comer? esta pauta implica corregir los horarios inadecuados de consumo de los alimentos en México en el que en la actualidad no hay horarios establecidos para el consumo de los mismos.

Guías como las del IMSS establecen consumir tres comidas completas y dos colaciones saludables al día, en horarios regulares, con la cantidad de alimentos de acuerdo con tu actividad física[41], y esto es adecuado y práctico, en la guía de DMM el elemento ¿Cada cuánto comer? Se hace mención, que, al levantarse, no debe pasar más de 1 hora para desayunar y a partir de ese momento comer cada 3 horas aproximadamente. Esta pauta permitirá tener armonía metabólica en cuanto a la regulación de los niveles de glucosa y la producción de insulina por parte del páncreas. Se muestran ejemplos de todos los tiempos de comida desde el desayuno, colación matutina, comida, colación vespertina y cena. Ejemplo para la colación prefiere: Energía rápida ejemplo (fruta de temporada) + energía lenta ejemplo (chocolate amargo de 70 % de contenido de cacao en adelante, cacahuates, nueces, almendras sin sal, palomitas de maíz, hechas en casa etc.) Lo que permite ser más específico y práctico.

Otro elemento importante en las guías de alimentación es el ¿Qué comer? la Dieta de la Milpa[42] incluida recientemente en México, destaca de gran manera el cuestionamiento de ¿Qué comer? destacando el rescate de alimentos mesoamericanos que México aporto al mundo, y que promueve los cuatros fantásticos: combinación de maíz-frijol-calabaza-chile, promoviendo el consumo del maíz y frijol, alimentos muy nutritivos, guía que destaca la riqueza de diversidad regional, considerando la cultura, clima y biodiversidad; Sin embargo, la guía de la Dieta de la Milpa deja de incluye al cacao, promueve el consumo de bebidas de cacao típicas en algunos estados de México, solo que esa versión de cacao no siempre será práctica en la vida moderna, en el caso de la guía de la Guía de Dieta Mediterránea Mexicanizada, se le considera su principal representante por ser un alimento con reconocidos efectos terapéuticos y preventivos de enfermedades cardiometabólicas[43]. La propuesta del licuado DMM a base de cacao natural y el consumo de chocolate ≥70 % de contenido de cacao, se sugiere para todos los estados de la república mexicana, potenciando de esta manera la integración del cacao a la dieta diaria de las familias mexicanas.

En México, la estadística muestra que entre un 19 % de mujeres y hombres de 30 a 69 años mueren de enfermedades cardiovasculares[44], se estima que el 70.3 % de la población adulta vive con al menos un factor de riesgo cardiovascular como hipertensión (17 millones), diabetes (6 millones) obesidad y sobrepeso (35 millones) y/o dislipidemias (14 millones). La presente guía además de motivar el consumo del cacao natural rico en antioxidantes por sus múltiples beneficios, desea infundir en sociedad mexicana identidad nacional ya que el cacao es un alimento 100 % mexicano y el chocolate que nació en Tabasco para el mundo, se plantea solo llamar chocolate aquel que sea ≥70 % de contenido de cacao, que es el que ha mostrado beneficios a la salud[43], todos los demás sucedáneos de chocolate menor a ese contenido de cacao llamarlos golosina, para no confundir y tener claro los efectos esperados consumiendo el cacao y el chocolate negro.

Es uno de los objetivos primordiales de este elemento de la guía de DMM, promover su consumo en forma de cacao natural y en su versión chocolate haciendo hincapié a que sea ≥ 70 % de contenido de cacao, además de promover el consumo nacional de este alimento, ya que su consumo es bajo, y en cambio el consumo de sucedáneos de chocolate, ricos en azúcares y leche es elevado, enfrentando graves problemas para el sector campesino cacaotero por que la producción, la mayor parte se destina a la exportación y el consumo nacional y local se ve reducido, problema tal que se consume procesado el cacao mexicano en diversos productos manufacturados en el extranjero, en forma chocolates hipercalóricos nocivos para la salud. El envejecimiento de la población en México está creciendo a un ritmo que anticipa que para el año 2050 el 32.4 millones de mexicanos serán personas mayores y que el 40.3 % de la población dependerá del 59.5 % de trabajadores activos[45].

Por otra parte, la expectativa de vida de los mexicanos y las mexicanas sea hoy superior a los 74 años, pero la mayoría de los adultos de 60 o más años, presentan comorbilidades que significan una creciente presión para el sector salud, y un enorme gasto para las personas y las familias que tienen que utilizar un creciente porcentaje de sus ingresos, para la adquisición de esos medicamentos. El deterioro cognitivo y la demencia en los adultos mayores son temas de preocupación en la salud pública.

Estudios evalúan las funciones moduladoras que pueden presentar los diferentes componentes de los alimentos sobre la salud humana, entre los que destacan los flavanoles del cacao[46] los cuales demostraron una gran variedad de efectos benéficos relacionados con la neurocognición, la modulación cognitiva, el deterioro cognitivo y la demencia, estos temas son de gran interés social y de preocupación en la salud pública, considerándose un área importante en la investigación sanitaria.

Por lo tanto, es una meta de la guía de alimentación de DMM promover el consumo de cacao y chocolate mexicano en las familias mexicanas, ya que el chocolate ha mostrado efectos sobre la mejora del estado de ánimo, la función cognitiva y sobre funciones neuronales específicas[47], de esa manera promover la prevención de enfermedades neurodegenerativas y cardiometabolicas con el alimento del regalo de los dioses.

Otra característica de la guía de DMM, delante de otras guías promovidas en México, es que impulsa los objetivos de Desarrollo Sostenible, resalta y promueve: Técnicas culinarias saludables, balance energético, el consumo local, la biodiversidad y estacionalidad, la agricultura y pesca sostenible, acceso a alimentos sostenibles y saludables[48], buenos para el cuerpo y el alma. Al igual que la Dieta de la Milpa, promueve la protección de productos y preparaciones tradicionales, considerando la herencia cultural de la comida mexicana patrimonio de la humanidad ante la UNESCO, Dieta Mediterránea Mexicanizada busca salvaguardar la cultura culinaria mexicana adaptada a la forma de vida mediterránea, la más saludable del mundo. De igual manera como el mundo va cambiando la DMM se adapta a las nuevas tecnologías por lo mismo diseñamos la App de la Dieta Mediterránea & Cacao Mx innovación tecnológica concursante en Expociencias Tabasco y Expociencias Nacional 2023, que tiene como objetivo difundir la DMM a lo largo y ancho de nuestro país y sea una herramienta de salud pública que promueva la economía circular y el rescate de preparaciones locales y nacionales además de incidir en la inclusión del cacao en la dieta familiar mexicana y de esa manera potenciar la producción, procesamiento y consumo del regalo de los dioses. La DMM está alineada con "La dieta de la salud planetaria"[49] esta propuesta espectacular pretende evitar 11.6 millones de muertes prematuras cada año. Además, se reducirían las emisiones de gases de efecto invernadero y se preservaría más la tierra, agua y biodiversidad. Alimentar a una población en crecimiento de 10 mil millones de personas para 2050 con una dieta saludable y sostenible será imposible sin transformar los hábitos alimenticios que hoy tenemos y nuestro país siendo el país con peores hábitos, al ser productos ultraprocesados y ser el primer consumidor de refrescos embotellados esto ha hecho un daño terrible al ambiente por la gran cantidad de plástico y demás materiales altamente contaminantes. Por lo que hoy los seres humanos y en específico los mexicanos podemos cambiar nuestra calidad de vida, disfrutando de lo que nos otorga esta bendita tierra y sus mares, cuidando a la vez el planeta que habitamos y poder dar a las generaciones venideras un mejor planeta.

Capítulo 6. ¿Qué acciones propone la DMM a la comunidad para incidir en las mesas de las familias mexicanas?

1. Tratar mediante DMM las enfermedades cardiometabólicas como el síndrome metabólico que lo conforman la diabetes mellitus, hipertensión, hígado graso, sobre peso y obesidad en embarazadas, población infantojuvenil, adultos jóvenes y mayores, el cual ha mostrado cambios en composición corporal en los primeros diez días lo que favorece en gran motivación en la persona y su familia.

2. Promoción de producción, autoconsumo traspatio y huertos familiares y escolares de vegetales, hortalizas y frutos como el aguacate, cacao, frutas de temporada y pescado de la región, dándole el carácter de medicamento y creando una actividad productiva agrícola y pesquera, que promueva la calidad de vida de la población, primero por mejorar sus marcadores cardiometabólicos, segundo por la activación de la economía en estas actividades productivas que podrán prevenir y abatir las enfermedades crónicas degenerativas, desde el embarazo hasta al adulto mayor.

3. Ahorro considerable respecto a la inversión que se destina al tratamiento del síndrome metabólico, desde los fármacos, cirugías que además de elevado costo e impagables para cualquier gobierno, la dieta mediterránea demuestra que es el único esquema de tratamiento que por si sola logra abatir los componentes del SM como la hipertensión, hígado graso, diabetes, sobrepeso y obesidad.

4. Consolidar la nueva cultura alimentación en las mesas de las familias mexicanas, promoviendo desde las embarazadas hasta los adultos mayores , el consumo de vegetales frescos, cultivados y cosechados en el seno de la comunidad, frutas de temporada, pescado como producto de origen animal de mayor consumo frecuente, reducción y eliminación de bebidas azucaradas, potenciando el consumo de Jamaica, agua de frutas naturales, ejemplo: chaya, matalí, espinaca, carambola, limón que además de ser refrescantes permiten obtener un aporte considerable de hierro, ácido fólico, calcio, fibra.

5. Promover la reducción y eliminación en el consumo de azúcares añadidos, así como el consumo menos frecuente de carnes rojas.

6. Protección al medio ambiente con cultivos amigables a la tierra, de tipo orgánicos.

7. Considerar los espacios recreativos y naturales como parte de la terapia de la actividad física y educación medio ambiental que permita disfrutar y proteger el medio ambiente.

8. Promoción y creación de ciclo pistas en las comunidades y reestructuraciones en el medio urbano para crear la utilización de la bicicleta como transporte verde, así como la estimulación de una vida activa, que reducirán los riesgos de adicciones al alcohol, drogas y tabaco, sobre todo en la población infantojuvenil.

9. Promover la identidad a la nación con alimentos como el chocolate, que además de ser el alimento de los dioses, la meta de DMM, es que todo niño mexicano y su familia, lo consuma y se le llame chocolate sólo al que mantenga 70 % de contenido de cacao en delante, que es el que otorga

grandes beneficios a la salud en su consumo adecuado, al resto de productos que contengan menos de este porcentaje de contenido de cacao, nombrarles golosinas, que han sido tan perjudiciales para la salud con un consumo excesivo en nuestro país.

10. DMM mantiene de manera constante el apego a las condiciones de bioética, con hojas de consentimiento informado, otorgando vigilancia nutricional a sus adeptos, lo cual favorece a la valoración, diagnóstico, logrando de esta manera detección oportuna, prevención y tratamiento de las enfermedades cardiometabólicas, en las que está plenamente mostrado la disminución de la utilización de fármacos para la presión arterial, glucosa, lípidos, antidepresivos, en los que una vez que se integra como parte del tratamiento la DMM, se disminuye la dosis del fármaco y una gran cantidad de ellos se retira, favoreciendo de esta manera, la reducción en costo del tratamiento, la disminución de los efectos secundarios y con el efecto preventivo para las nuevas generaciones.

11. Crear promotores de la salud que capaciten a las comunidades, cooperativas y cafeterías para establecer el consumo de DMM, estimulando de esa manera nuevos puntos de venta para el sector agropecuario y pesquero, favoreciendo que los establecimientos puedan ofertar alimentos frescos, nutritivos a buen precio, que permitan lograr una alimentación cardio y neuro saludable a sus comensales.

12. Protección de los espacios naturales, tierra y agua, que favorecen el ecosistema que nos alimenta y oxigena.

Capítulo 7. Pautas de Dieta Mediterránea Mexicanizada

Un ejemplo de lo que podría ser un día de DMM.

La regla básica es que una vez que nos pongamos de pie no debe pasar más de una hora para cargar combustible.

Desayuno DMM Orden de consumo 1. (Precarga Licuado DMM) 2. (vegetales, aguacate, aceite de oliva, aguacate con pescado.

Colación DMM (Fruta de temporada y semillas) Energía rápida + energía lenta

Comida DMM Orden de consumo 1. (Precarga Licuado DMM) 2. (Frijoles, aguacate, aceite de oliva, tomate y pimiento rojo) 3. Pescado con vegetales, aguacate y salsa picante de tomate.

Colación DMM (Fruta de temporada, chocolate de 70 % contenido de cacao en adelante.

Cena DMM Orden de consumo 1. (Precarga Licuado DMM) 2. (vegetales, aguacate, aceite de oliva, aguacate con pollo.

Ingredientes Básicos del licuado DMM

Para la parte líquida del licuado DMM, será aportada por esta preparación (tés de manzanilla, jengibre cúrcuma y canela) con efectos antiinflamatorios, con poder protector a nivel gástrico y con efectos relajantes para el estado de ánimo. El té de jengibre incluirlo cómo máximo tres veces por semana.

Infusiones de manzanilla, jengibre, cúrcuma, canela y cascara de piña

El cacao o chocolate son ingredientes básicos del licuado DMM, se podrá conseguir en los establecimientos como cacao rojo, cacao lavado o cacao fermentado y en el caso del chocolate será de 70 % de contenido de cacao en adelante. Para su preparación se podrá tostar al comal o la sartén por espacio de 3 a 5 minutos, se retira la cascara con los dedos para posteriormente triturar o pulverizar para poder dosificarlo a una cucharada sopera como porción para el licuado DMM.

Cacao natural

Cacao natural triturado (mis de cacao)

Licuado DMM

Batido base agua (infusiones té de manzanilla, jengibre, cúrcuma y canela) (espinaca, betabel cacao nibs de cacao 1 cucharada+ avena 1 cucharada +fruta de temporada por ejemplo, ½ tza puede ser melón, papaya, o manzana ½ pza o fresas 4 o 5 piezas + endulzante natural, estevia, azúcar morena, miel)

Energía rápida (fruta) + Energía lenta (cacao natural nibs de cacao), avena. El licuado DMM se convierte en una preparación liquida muy versátil que permite integrar vegetales frescos que como regla se plantea no falten los de la estación, que sean de proximidad y nacionales, cereales como la avena o amaranto, cacao y las infusiones, la convierten en una preparación con potentes efectos sinérgicos que permiten iniciar y finalizar el día con excelente oxigenación y te asegura la ingestión de vitaminas, minerales y fibra.

Salsa DMM

Instrucciones de elaboración:

Paso 1. Cortar en trozos pimientos rojos, naranjas o amarillos, cebolla morada, tomate, brócoli, calabaza italiana, calabaza, criolla, ajo. Paso2. los colocas a la sartén y se asan a fuego lento por 3 minutos. Paso 3. Se colocan en la batidora, se licuan agregando puré de tomate, aceite de oliva y perejil deshidratado. Paso4. La salsa de vegetales con tomate las puedes tomar como un primero a la hora de la comida, o la puedes agregar al arroz o a la pasta al dente, o al pollo o pescado, o bien en tus bocadillos y emparedados, para que sea el complemento perfecto. Es una bomba de fibra y atrapa radicales libres que es como les nombramos a los antioxidantes que otorgan el poder desinflamatorio, antitrombótico y regulación intestinal por su contenido en fibra.

Conclusiones

Hoy en día se sabe que no se requiere de tantos fármacos para controlar la diabetes, la hipertensión y la obesidad, todas se pueden prevenir parcial o totalmente con la alimentación; la guía de Dieta Mediterránea Mexicanizada, es una herramienta de salud pública, práctica, aplicable, asequible, entendible que promueve los objetivos de Desarrollo Sostenible de la Agenda 2030 apta para garantizar una vida sana y promover bienestar en todas las edades, con lo que pretende ser la nutrición la mejor inversión para modificar la calidad de vida, y devolver la salud a las personas y el planeta. Y en el caso de México y muchos países de América sembrar la semilla de esta forma de vida para aspirar y lograr una longevidad sostenible.

A triunfar

«La mejor inversión es la prevención, la nutrición es la mejor opción»

Consideraciones éticas

El estudio de la GADMM contó con la aprobación del Comité de Investigación y Comité de Ética en Investigación de la Secretaría de Salud del Estado de Tabasco (INV/2172/PCI/0121) y se siguieron los lineamientos de la Declaración de Helsinki de los Principios Éticos para la Investigación Médica sobre Sujetos Humanos, participantes proporcionaron consentimiento informado.

Referencias

1. https://unhabitat.org/
2. Rosenbloom JI, Kaluski DN, Berry EM. A global nutritional index. Food Nutr Bull. 2008 Dec;29(4):266–77.
3. Petrova D, Salamanca FE, Rodríguez BM, Navarro PP, Jiménez MJJ, Sánchez MJ. Obesidad como factor de riesgo en COVID-19: Posibles mecanismos e implicaciones. Aten Primaria. 2020; 52(7):496–500. DOI: 10.1016/j.aprim.2020.05.003
4. https://www.un.org/sustainabledevelopment/es/development-agenda/
5. García RV, López MM. Covid-19 y el síndrome metabólico. RDI. 15 de mayo de 2021; 7(20):50-3. Disponible en: http://rd.buap.mx/ojs-dm/index.php/rdicuap/article/view/598
6. Instituto Nacional de Estadística y Geografía (INEGI). Características de las defunciones registradas en México. 2020. Disponible en: https://www.topdoctors.mx/articulos-medicos/mexico-ocupa-segundo-lugar-en-consumo-de-alimentos-procesados
7. Encuesta Nacional de Salud y Nutrición 2020. COVID-19. Disponible en: https://ensanut.insp.mx/encuestas/ensanutcontinua2020/doctos/informes/ensanutCovid19Res ultadosNacionales.pdf
8. Stefan N, Birkenfeld AL, Schulze MB, Ludwig DS. Obesidad y deterioro de la salud metabólica en pacientes con COVID-19. Nat Rev Endocrinol. 2020; 16(7):341–2. DOI: 10.1038/s41574-020-0364-6
9. Braguinsky J. Curso de Obesidad [Internet]. Módulos 5, 7,8, Universidad Favaloro. 2016. Disponible en: http://www.favaloro.edu.ar/informacion/nutOBIN_curso-de-obesidad/
10. Martíncz MP, Vcrgara ID, Molano KQ, Pércz MM, Ospina AP. Síndromc mctabólico cn adultos: Revisión narrativa de la literatura. Arco med. 2021; 17(2):4. Disponible en: https://www.archivosdemedicina.com/medicina-de-familia/siacutendrome-metaboacutelico-en-adultos-revisioacuten-narrativa-de-la-literatura.pdf
11. Enfermedades cardiovasculares, primera causa de muerte en México. El País. 2021. Disponible en: https://elpais.com/sociedad/2021-09-29/enfermedades-cardiovasculares-primera-causa-de-muerte-en-mexico.html
12. Informe de la Nutrición Mundial. Medidas en materia de equidad para poner fin a la malnutrición. 2020. Disponible en: https://globalnutritionreport.org/documents/605/2020_Global_Nutrition_Report_Spanish.pdf
13. Mitchell C. OPS/OMS. Sobrepeso afecta a casi la mitad de la población de todos los países de América Latina y el Caribe salvo por Haití. Pan American Health Organization / World Health Organization. 2017. Disponible en: https://www3.paho.org/hq/index.php?option=com_content&view=article&id=12911:overwei ght-affects-half-population-latin-americacaribbean-except-haiti&Itemid=1926&lang=es
14. UNICEF. Urgen medidas para evitar mala nutrición en México por COVID-19. Unicef.org. 2020. Disponible en: https://www.unicef.org/mexico/comunicados-prensa/urgen-medidas-para-evitar-mala-nutrici%C3%B3n-en-m%C3%A9xico-por-covid-19
15. Fundación Dieta Mediterránea. Dieta Mediterránea. 2021. Disponible en: https://dietamediterranea.com/
16. Zomeño M.D., Lassale, C., Perez-Vega, A. et al. Halo effect of Mediterranean-lifestyle weight-loss intervention on untreated family members´weight and physical activity:a psopective study. Int J Obes (2021)
17. F. Calatayud S. et al. Efectos de una dieta mediterránea tradicional en niños con sobrepeso y obesidad tras un año de intervención. Rev Pediatr Aten Primaria vol.13 no.52 Madrid oct./dic. 2011

18. Sierra OAE. Dieta Mediterránea Mexicanizada propuesta de Patrón de Alimentario Esperanzador para México. Horizonte Sanitario. 2016; 11(2). DOI: https://doi.org/10.19136/hs.a11n2.98

19. Alleyne T, Alleyne A, Arrindell D, Balleram N, Cozier D, Haywood R, et al. Efectos a corto plazo del consumo de cacao sobre la presión arterial. West Indian Med J. 2014; 63 (4):312. DOI: https://doi.org/10.7727/wimj.2013.273

20. Mellor DD, Sathyapalan T, Kilpatrick ES, Atkin SL. Diabetes and chocolate: friend or foe? J Agric Food Chem. 2015; 63(45):9910–8. DOI: https://doi.org/10.1021/acs.jafc.5b00776.

21. Stote KS, Clevidence BA, Novotny JA, Henderson T, Radecki SV, Baer DJ. Effect of cocoa and green tea on biomarkers of glucose regulation, oxidative stress, inflammation and hemostasis in obese adults at risk for insulin resistance. Eur J Clin Nutr. 2012; 66(10):1153–9. DOI: https://doi.org/10.1038/ejcn.2012.101

22. De Araujo QR, Gattward JN, Almoosawi S, Silva Md, Dantas PA, De Araujo Júnior QR. Cocoa and Human Health: From Head to Foot--A Review. Crit Rev Food Sci Nutr. 2016; 56(1):1-12. DOI: https://doi.org/10.1080/10408398.2012.657921

23. Pérez GJ, Muñoz SA, Alonso MA. Spanish Ketogenic Mediterranean Diet: a healthy cardiovascular diet for weight loss. Nutr J. 2008; 7(1):30. Disponible en: http://dx.doi.org/10.1186/1475-2891-7-30

24. Hibbeln JR, Davis JM, Steer C, Emmett P, Rogers I, Williams C, et al. Maternal seafood consumption in pregnancy and neurodevelopmental outcomes in childhood (ALSPAC study): an observational cohort study. Lancet. 2007; 369(9561):578–85. DOI:

25. Organización de las Naciones Unidas (ONU). Objetivos de desarrollo sostenible. Disponible en: https://www.un.org/sustainabledevelopment/es/objetivos-de-desarrollo-sostenible/

26. Aranceta Batrina J, Serra Majem Ll, Mataix Verdú J. Evaluación del estado nutricional. En Serra Majem L Aranceta Batrina J, editores. Nutrición y salud pública. Métodos, bases científicas y aplicaciones, 2ª edi. Barcelona: Masson; 2006. P. 114-135.

27. Planas Vilà M, Escudero Álvarez E. Evaluación clínica del estado nutricional. En Salas-Salvado J, BonadaI Sanjaume A, Trallero Casañas R, Saló I Solà ME, Burgos Peláez R, editores. Nutrición y dietética clínica. 2ª ed. Barcelona: Masson; 2008.p. 96-111

28. Aranceta Batrina J. Evaluacion del estado nutricional. En Muñoz M , Aranceta J, García-Jalón I. Nutrición aplicada y dietoterapia.2ª ed. Navarra :EUNSA;2004. p. 83-98.

29. Vanis N, Mesihovic R. Applicaction of nutritional screening tests for determining prevalence of hospital malnutrition. Med Arch.2008; 62 (4) :211-4.

30. Alemán-Mateo H, Esparza-Romero J, Romero RU, García HA, Pérez Flores FA, Ochoa Chacón BV et al. Prevalence of malnutrition and associated metabolic risk factors for cardiovascular disease in older adults from Northwest Mexico. : Arch Gerontol Geriatr. 2007 Jun 25

31. Kulnik D, Elmadfa I. Assessment of the nutritioanal situation of enderly nursing home resindnts in Viena. Ann Nutr Metab. 2008; 52 suppll 1 : 51-3.

32. Meijers JM; Halfens RJ, Van Bokhorst-de van der Schueren MA, Dassen T, scols JM. Malnutrition in Dutch health care: Prevalence, prevention, treatment, and quality indicators. Nutrition 2009 Jan 8 [Epub ahead of print]

33. Sánchez Juan CJ, Real Collado JT. Malnutrición. Concepto, clasificación, etiopatogenia. Principales síndromes. Valoración clínica. Medicine. 2002;8(87):4669-74.

34. Parikh NI, Pencina MJ, Wang TJ, Lanier KJ, Fox CS, D'Agostino RB, etal. Increasing trends in incidence of overweight and obesity over 5 decades. Am J Med. 2007 Mar;120(3):242-50.

35. Estruch R, Ros E, Salas SJ, Covas MI, Corella D, Arós F, et al. Primary prevention of cardiovascular disease with a Mediterranean diet. N Engl J Med. 2013; 368(14):1279–90. Disponible en: http://dx.doi.org/10.1056/nejmoa1200303

36. Rivera JA, Muñoz HO, Rosas PM, Aguilar SCA, Popkin BM, Willett WC. Consumo de bebidas para una vida saludable: recomendaciones para la población mexicana. Salud Pública Mex. 2008; 50(2):173–95. Disponible en: http://www.scielo.org.mx/scielo.php?script=sci_arttext&pid=S0036-36342008000200011

37. Andújar I, Recio MC, Giner RM, Ríos JL. Cocoa polyphenols and their potential benefits for human health. Oxid Med Cell Longev. 2012; 2012:906252. DOI: https://doi.org/10.1155/2012/906252

38. UNESCO. La cocina tradicional mexicana: Una cultura comunitaria, ancestral y viva y el paradigma de Michoacán. Unesco.org. Disponible en: https://ich.unesco.org/es/RL/la-cocina-tradicional-mexicana-una-cultura-comunitaria-ancestral-y-viva-y-el-paradigma-de-michoacn-00400

39. Fernández LJ, Pinent M, Bladé MC, Salavado MJ, Blay M, Pujadas G, Ardévol A, Arola L. Alimentos ricos en procianidinas, alimentación funcional para prevenir la aparición de síndrome metabólico. Rev Esp Obes 2007; 5(2):98-108. Disponible en: https://www.researchgate.net/profile/Maria-Josepa-Salvado/publication/236345069_Alimentos_ricos_en_procianidinas_alimentacion_funcional_para_prevenir_la_aparicion_de_sindrome_metabolico/links/00b49517d683e594d2000000/Alimentos-ricos-en-procianidinas-alimentacion-funcional-para-prevenir-la-aparicion-de-sindrome-metabolico.pdf

40. Secretaria de Gobierno. NORMA Oficial Mexicana NOM-043-SSA2-2012, Servicios básicos de salud. Promoción y educación para la salud en materia alimentaria. Criterios para brindar orientación. Diario Oficial de la Federación 2013. Disponible en: https://www.dof.gob.mx/nota_detalle.php?codigo=5285372&fecha=22/01/2013

41. Instituto Mexicano del Seguro Social. Guía adolescentes nutrición. Disponible en: https://www.imss.gob.mx/sites/all/statics/salud/guias_salud/adolescentes/guiaadolesc_nutricion.pdf

42. Almaguer GJA, García RHJ, Padilla MM, Gónzalez FM. Fortalecimiento de la salud con comida ejercicio y buen humor: La dieta de la Milpa Modelo de Alimentación Mesoamericana Biocompatible. Secretaria de Salud Disponible en: https://www.gob.mx/cms/uploads/attachment/file/98453/La_Dieta_de_la_Milpa.pdf

43. Sarriá B, Martínez LS, Sierra CJL, García DL, Mateos R, Bravo L. Regular consumption of a cocoa product improves the cardiometabolic profile in healthy and moderately hypercholesterolaemic adults. Br J Nutr. 2014; 111(1):122–34. Disponible en: https://pubmed.ncbi.nlm.nih.gov/23823716/

44. Sánchez AAG, Bobadilla SME, Dimas AB, Gómez OM, González GG. Enfermedad cardiovascular: primera causa de morbilidad en un hospital de tercer nivel. Rev mex cardiol. 2016; 27(S3):98–102. Disponible en: https://www.medigraphic.com/pdfs/cardio/h-2016/hs163a.pdf

45. Nava I. Futuro desalentador para los adultos mayores: Instituto de Investigaciones Económicas de la UNAM. Unam.mx. Disponible en: http://www.pudh.unam.mx/perseo/futuro-desalentador-para-los-adultos-mayores-isalia-nava-investigadora-del-instituto-de-investigaciones-economicas-de-la-unam1/

46. Ibero B I, Abete I, Martínez J A, Rodríguez M A, Zulet MÁ. Guías para el consumo de chocolate negro ¿Placer y salud cognitiva? Nutr Hosp. 2017;34(4):759–60. Disponible en: https://scielo.isciii.es/pdf/nh/v34n4/01_editorial.pdf

47. Scholey A, Owen L. Effects of chocolate on cognitive function and mood: a systematic review. Nutr Rev. 2013; 71(10):665–81. Disponible en: https://pubmed.ncbi.nlm.nih.gov/24117885/

48. Martínez VMG. Gestión por procesos en la seguridad alimentaria del Estado de Tabasco. Estud Soc Rev Aliment Contemp Desarro Reg. 2021. Disponible en: https://www.ciad.mx/estudiosociales/index.php/es/article/view/1079 http://www.sld.cu/galerias/pdf/sitios/histologia/normas-vancouver-buma-2013-guia-breve.pdf

49. Mohammad H eta al. Global, regional, and national comparative risk assessment of 79 behavioural, environmental and occupational, and metabolic risks or clusters of risks in 188 countries, 1990–2013: a systematic analysis for the Global Burden of Disease Study 2013. The Lancet VOLUME 386, ISSUE 10010, P2287-2323, DECEMBER 05, 2015

I want morebooks!

Buy your books fast and straightforward online - at one of world's fastest growing online book stores! Environmentally sound due to Print-on-Demand technologies.

Buy your books online at
www.morebooks.shop

¡Compre sus libros rápido y directo en internet, en una de las librerías en línea con mayor crecimiento en el mundo! Producción que protege el medio ambiente a través de las tecnologías de impresión bajo demanda.

Compre sus libros online en
www.morebooks.shop